EXPOSITION PUBLIQUE

DES PRODUITS

DE L'INDUSTRIE FRANÇAISE.

AN 10.

PROCÈS-VERBAL

Des Opérations du Jury nommé par le Ministre de l'intérieur pour examiner les Produits de l'Industrie française mis à l'Exposition des jours complémentaires de la dixième année de la République.

IMPRIMÉ

Par ordre du Citoyen CHAPTAL, Ministre de l'intérieur.

A PARIS,

DE L'IMPRIMERIE DE LA RÉPUBLIQUE.

Vendémiaire an XI.

TABLE.

(4)

FIN de la Table.

PROCÈS-VERBAL

Des Opérations du Jury nommé par le Ministre de l'intérieur pour examiner les Produits de l'Industrie française mis à l'Exposition des jours complémentaires de la dixième année de la République.

LE deuxième jour de vendémiaire de l'an onze, les citoyens

ALARD, membre du conseil d'agriculture, arts et commerce du ministre de l'intérieur,

BARDEL, membre du conseil d'agriculture, arts et commerce du ministre de l'intérieur, et de celui d'administration de la société d'encouragement pour l'industrie nationale,

BERTHOUD (Ferdinand), membre de l'institut national,

BOSC, membre du tribunat, et du conseil d'administration de la société d'encouragement pour l'industrie nationale,

CONTÉ, démonstrateur au conservatoire des arts et métiers, et membre du conseil d'administration de la société d'encouragement pour l'industrie nationale,

COSTAZ, membre du tribunat, et vice-président

de la société d'encouragement pour l'industrie nationale,

GUYTON-MORVEAU, membre de l'institut national, et du conseil d'administration de la société d'encouragement pour l'industrie nationale,

MÉRIMÉ, peintre, professeur de dessin à l'école polytechnique, et membre du conseil d'administration de la société d'encouragement pour l'industrie nationale,

MOLARD, démonstrateur au conservatoire des arts et métiers, et membre du conseil d'administration de la société d'encouragement pour l'industrie nationale,

MONTGOLFIER, démonstrateur au conservatoire des arts et métiers, et membre du conseil d'administration de la société d'encouragement pour l'industrie nationale,

PERRIER, membre de l'institut national, et du conseil d'administration de la société d'encouragement pour l'industrie nationale,

PERRIER (Scipion), membre du conseil d'agriculture, arts et commerce du ministre de l'intérieur, et de celui d'administration de la société d'encouragement pour l'industrie nationale,

PRONY, membre de l'institut national, et du conseil d'administration de la société d'encouragement pour l'industrie nationale,

RAYMOND, architecte du Palais des sciences et des arts, et membre de l'institut national,

VINCENT, peintre, membre de l'institut national,

composant le jury chargé d'examiner les productions de l'industrie française, exposées au Palais national des sciences et des arts pendant les jours complémentaires de l'an 10, et les fabricans et artistes auxquels le jury avait décerné des distinctions, furent introduits, à deux heures, devant le premier Consul.

Le C.en *Costaz*, président du jury, était chargé de porter la parole ; il dit :

« CITOYEN PREMIER CONSUL,

» L'exposition des produits de l'industrie est extrêmement remarquable cette année ; le génie inventif et fécond des artistes français y brille d'un vif éclat.

» Les fabricans de lainage ont apporté des étoffes fabriquées sur de nouvelles combinaisons, ou des étoffes déjà connues, exécutées avec une perfection qui ne laisse plus à craindre la concurrence étrangère.

» On y a vu des soieries de la plus grande magnificence fabriquées à Lyon.

» Les filatures de coton et les manufactures de cotonnades, qui croissent chaque année en nombre, croissent aussi en perfection. La comparaison des produits de cette année avec ceux de l'année dernière ne laisse à cet égard aucun doute.

» Les mécaniciens se sont fait distinguer par plusieurs inventions importantes.

» On a exposé des machines propres à mesurer le temps avec la plus grande exactitude, machines extrêmement utiles aux navigateurs.

» Un artiste a construit des instrumens astronomiques combinés d'une manière ingénieuse, et donnant une précision supérieure à celle des instrumens connus.

» Toutes les parties de l'art monétaire, les machines dont il fait usage, ont été révisées, modifiées et perfectionnées avec un succès auquel on refuserait de croire, si l'on n'avait pas les faits sous les yeux.

» Un métier a été imaginé, qui fabrique le tricot par le simple mouvement d'une manivelle; invention d'une importance majeure, et digne d'une attention sérieuse de la part du Gouvernement.

» Une nouvelle machine propre à élever l'eau a été construite sur des principes tout-à-fait originaux.

» Des chimistes se sont proposé de mettre nos ateliers en possession de nouvelles forces capables de décomposer les substances et de les recomposer, pour les approprier à nos goûts ou à nos besoins.

» De nouvelles poteries ont été inventées ; celles qui étaient déjà connues, ont reçu des perfectionnemens considérables.

» Les meubles, l'orfévrerie, et toutes les parties qui dépendent du dessin, sont remarquables par un goût plus pur.

» Citoyen premier Consul, en parcourant les portiques qui contenaient ces productions précieuses, vous avez interrogé un grand nombre de manufacturiers de toutes les parties de la France : leurs réponses vous ont prouvé que la plupart des chefs de nos établissemens industriels ont reçu

une éducation soignée, qu'ils sont pleins de feu et d'émulation, et familiers avec les parties des sciences exactes aux-
quelles leur genre d'industrie est relatif. C'est une différence
caractéristique de l'état actuel de notre industrie et de celui
où elle se trouvait dans des temps antérieurs. Alors un entrepreneur était un capitaliste étranger aux procédés de
l'art, et qui, sous ce rapport, se trouvait à la merci de la
routine, de l'ignorance et des caprices de ses ouvriers. Il
est impossible de calculer les résultats d'une instruction plus
généralement répandue dans les ateliers : d'année en année
les heureux effets s'en font sentir; et comme cette circonstance est de nature à croître encore, elle présage à
notre commerce les destinées les plus brillantes.

» Déjà le commerce se ranime de tous côtés; l'activité
sera bientôt aussi grande à Lyon qu'en 1788. Le nord de
l'Europe, l'Italie, le Levant, demandent les étoffes de soie
de cette ville fameuse par son industrie. L'exportation des
linons et des batistes de la ci-devant Flandre augmente tous
les jours. La fabrication des dentelles se ranime dans les
départemens de l'Orne et du Calvados. Les toiles de Bre-
tagne ont repris leur cours vers l'Espagne, le Pérou et le
Mexique. La fabrique de draps de Carcassone, qui est en possession d'approvisionner les Échelles du Levant, voit chaque
jour arriver de nouvelles commissions. Ces améliorations
sont le résultat de la paix que vous avez rendue à l'Europe,
et de la sécurité que vous avez rétablie dans la France.

» De tous les points de la République, les fabricans se
sont empressés de montrer leurs productions à l'exposition
de cette année. Le ministre de l'intérieur a réussi à exciter
parmi eux l'émulation la plus vive; tous brûlent du desir

d'obtenir les distinctions accordées par le Gouvernement. L'opinion publique a pleinement ratifié les décisions du Gouvernement à cet égard. Il n'est pas un artiste, ayant obtenu une médaille ou une mention honorable, qui n'ait vu augmenter sa réputation et les demandes des consommateurs.

» Nous avons souvent été embarrassés pour choisir entre tant de mérites distingués ; nous y avons porté tout le soin dont nous sommes capables.

» Les choses précieuses se sont trouvées en si grand nombre, qu'il nous a été impossible de nous renfermer dans la limite des médailles annoncées : nous n'aurions pu le faire sans assigner des différences de mérite qui n'existent pas, c'est-à-dire sans être injustes.

» Nous avons pensé que le Gouvernement voudrait bien entrer dans nos vues.

» Voici les résultats de notre examen.

I.

LAINAGES.

DECRETOT, de Louviers, ayant son dépôt à Paris, place des Victoires, n.º 2.

Ce fabricant obtint, à la derniere exposition, la médaille d'or : depuis l'an 9, il a perfectionné sa fabrication. Il est douteux qu'on puisse présenter de plus beaux produits. Ses châles en laine de vigogne ne se froissent point au toucher ; ils ont le même croisé, le même moelleux et presque la même finesse que ceux de Cachemire. Ses draps sont d'une exécution achevée. Cette fabrique est actuellement dirigée par *Jean-Baptiste Decretot* neveu ; le jury a vu avec satisfaction que ce nom, depuis long-temps honoré dans le commerce, continuera de désigner une de nos manufactures les plus distinguées.

TERNAUX frères, demeurant à Paris, place des Victoires, n.° 17.

Il fut accordé en l'an 9, aux frères *Ternaux*, une médaille d'or. Ils ont des fabriques à Louviers, Reims, Sedan et Ensival. Leurs draps de Louviers sont de la plus grande beauté. Ils ont présenté deux pièces de drap de vigogne d'un très-grand effet; l'une en couleur naturelle, et l'autre teinte en couleur brune. Leur fabrication de Sedan n'est pas moins remarquable : il est difficile de voir des draps mieux exécutés que les draps noirs et blancs qu'ils ont exposés. Leurs casimirs les firent distinguer l'année dernière ; ceux de cette année sont supérieurs. Le jury pense que leurs travaux méritent les plus grands éloges, et déclare que tous leurs produits sont plus parfaits que ceux qui, l'année dernière, leur méritèrent la médaille d'or.

PASCAL, THORON (Jacques) et compagnie, manufacturiers à Montolieu près Carcassone.

Ces manufacturiers ont présenté trois pièces de draps fabriqués pour le commerce du Levant. La fabrication en est très-bonne, et aussi soignée que dans les temps les plus florissans. Le jury regarde ces marchandises comme propres à justifier la confiance que les Orientaux accordent depuis long-temps aux draperies françaises. Par toutes ces considérations, il décerne aux C.^{ens} *Pascal, Jacques Thoron* et compagnie, une médaille d'argent.

Lecamus (François) et Frontin (Pierre - Mathieu), de Louviers, ayant un dépôt chez le C.en *Mullier*, rue Saint-Honoré, n.º 321, près celle du Roule ;

Veuve de Récicourt, Jobert, Lucas et compagnie, de Reims.

Les premiers ont exposé des draps d'une belle fabrication et très-bien apprêtés. Les laines dont ils ont fait usage ont été peignées et filées à la mécanique.

La maison de *Récicourt, Jobert, Lucas* et compagnie, à laquelle les frères *Ternaux* sont associés, a présenté plusieurs pièces d'une étoffe appelée *duvet de cygne*, qui n'avait pas encore été faite en France ; elle a été fabriquée à l'imitation d'échantillons étrangers remis aux frères *Ternaux* par le ministre de l'intérieur. C'est encore dans cette maison qu'ont été fabriqués, en laine d'Espagne, de beaux châles faits avec tant d'art, qu'ils jouent le châle de Cachemire ; ils sont susceptibles de recevoir les couleurs les plus brillantes et les plus solides.

Le jury décerne en commun à ces deux fabriques une médaille d'argent.

Pétou frère et fils, de Louviers.

Ils ont obtenu, en l'an 9, une médaille d'argent. Leur manufacture a fait des progrès ; les pièces de drap qu'ils ont exposées, sont de la plus belle fabrication et d'un apprêt superbe. Il y a dans ces pièces une uniformité de perfection qui prouve une excellente administration de fabrique. Leurs casimirs ont aussi fixé l'attention du jury ; ils ne le cèdent point à ceux qui, l'année dernière, leur méritèrent une médaille d'argent.

GRANDIN (Jacques) l'aîné, d'Elbeuf.

Ses draps sont de la plus belle qualité; ils ne peuvent qu'affermir sa réputation.

Le jury lui a décerné une médaille d'argent.

GUIBAL jeune, de Castres, département du Tarn.

Il a exposé un assortiment nombreux d'étoffes de laine très-variées, depuis le prix de 2 fr. jusqu'à celui de 18 fr. le mètre. Il fournit, par conséquent, l'habillement de la classe moyenne, de la classe ouvrière, et en général des petites fortunes. Sous ce rapport, le jury regarde cette manufacture comme très-importante. Il en a examiné les produits dans le plus grand détail, et il a reconnu que la fabrication en est soignée, et a toute la perfection que comportent les étoffes de ce genre. Il a jugé le C.en *Guibal* jeune digne de la médaille d'argent.

GENSSE-DUMINY et compagnie, d'Amiens; BALIGOT père et fils, de Reims.

Les casimirs qu'ont présentés les C.ens *Gensse-Duminy* et compagnie, sont fabriqués par des procédés particuliers. Le tissu en est parfaitement régulier, d'une finesse qui surpasse, dans le rapport de 100 à 68, celle du casimir étranger de première qualité. Le prix en est modéré, eu égard à la beauté.

Parmi les casimirs exposés par les C.ens *Baligot*, le jury a remarqué une pièce dont la chaîne est en laine de Champagne, et qui est garnie en trame de laine d'Espagne. Le tissu de cette pièce est parfaitement régulier, et son grain est supérieur en finesse aux échantillons étrangers. Cette qualité est d'autant plus précieuse, qu'on y emploie une laine nationale, et que le prix en est inférieur de plus de vingt pour cent à celui des mêmes qualités fournies par les manufactures étrangères.

Le jury décerne aux C.ens *Gensse-Duminy* et compagnie, et aux C.ens *Baligot* père et fils, une médaille d'argent : le sort fera connaître celui de ces fabricans auquel elle sera remise.

FLAVIGNY (Louis-Robert) et fils, d'Elbeuf ;
LEFÉVRE (Jean-Nicolas-Félix), d'Elbeuf.

Les C.ens Louis-Robert *Flavigny* et fils furent mentionnés honorablement à l'exposition de l'an 9. Ils ont envoyé deux coupons de drap bleu : l'un en pure laine du troupeau de Rambouillet, qui a donné un résultat aussi beau que la laine d'Espagne ; et l'autre fabriqué avec de la laine de métis.

. Le jury a trouvé la fabrication de ces objets très-bonne et les prix modérés.

Jean-Nicolas-Félix *Lefévre* a présenté des draps qui égalent en qualité et en beauté ceux des C.ens Louis-Robert *Flavigny* et fils.

Le jury décerne à ces deux fabricans une médaille de bronze : le sort indiquera celui à qui elle sera remise.

MARTEL et fils, de Bedarieux, département de
 l'Hérault ;

VIALETES-D'AIGNAN, de Montauban.

Les draps des C.ens *Martel* et fils sont dans les moyennes qualités. Ils sont bien fabriqués.

La manufacture des C.ens *Vialetes-d'Aignan* date de

1627; elle a présenté des cadis unis et frisés, supérieurs par la fabrication à ceux que l'on faisait il y a vingt ans. Les prix en sont très-modérés.

Le jury décerne à ces fabricans une médaille de bronze : le sort décidera auquel des deux elle sera remise.

MOREZ (Joseph), de Prades, département des Pyrénées-Orientales.

La fabrication de ce manufacturier est bonne ; le prix de ses draps est modéré.

Le jury lui décerne une médaille de bronze.

PEYRE et compagnie, de Marvejols, département de la Lozère.

Les casimirs qu'il a envoyés sont fabriqués avec des laines de Roussillon et d'Espagne ; la filature en est belle, la fabrication bien entendue, et on doit beaucoup espérer de cette fabrique naissante.

Le jury décerne aux C.^{ens} *Peyre* et compagnie une médaille de bronze.

GAUTHIER, de Mons, département de Jemmape.

Les étoffes de laine dites *tricots*, qu'il a présentées, sont bien fabriquées. Le prix en est modéré.

Le jury pense qu'il mérite une médaille de bronze.

GAJON, MARTIN, COLAS-DE-BROUVILLE, VANDEBERGUE et compagnie, d'Orléans.

Ils ont envoyé des couvertures blanches en laine, ou en laine et coton, de différens prix : les laines ont été cardées à la mécanique et filées avec des machines à filature continue.

Le jury a trouvé leur fabrication bonne : il les juge dignes d'une médaille de bronze.

BROSSER l'aîné, de Beauvais.

Il a présenté des étamines et des serges glacées, des blicours simples et doubles tissus croisés (dits *serges de Rome*).

Le jury a été très-satisfait de la fabrication et des apprêts de ce fabricant : il lui décerne une médaille de bronze.

HECQUET-D'ORVAL, d'Abbeville, département de la Somme.

Moquettes et velours en laine bien fabriqués. Cette manufacture distinguée est très-ancienne.

Le jury lui décerne une médaille de bronze.

———————

LE JURY arrête de faire mention honorable des citoyens dont les noms suivent :

SAGNIEL et compagnie, de Marly, département de Seine-et-Oise,

Ont présenté des écheveaux de laine cardée et filée par des moyens mécaniques. Le jury a vu avec intérêt ces essais qui font espérer du succès.

MATTHIEU VERNIS, d'Aubenas, département de l'Ardèche,

Pour avoir fabriqué des draps de bonne qualité pour la consommation de la classe peu aisée.

DE MAILLY (Stanislas) et frères, d'Amiens,

Ont exposé des étoffes de laine commune, chaîne en fil,

connues

connues sous le nom de *Beaucamps*. Ces objets sont vendus à très-bas prix, sont utiles à la classe pauvre ; et leur fabrication occupe, dans l'arrondissement d'Amiens, un nombre considérable d'habitans de la campagne. Les pièces soumises au jury lui ont paru fabriquées avec soin.

PELISSON fils, de Poitiers,

A présenté à l'exposition, des étoffes dites *tricots*, pour l'habillement des troupes : le jury les a trouvées bien fabriquées.

DEHEURLE-BILLY, de Troyes,

Pour ses ratines, dont la fabrication est très-bonne.

COQUET-DELALAIN, de Troyes,

A présenté des espagnolettes fabriquées avec soin.

PAMART, fabricant à Desvres, département du Pas-de-Calais,

Pour ses gros draps en demi-largeur, d'une bonne fabrication.

ROCHARD (Clément), d'Abbeville,

A produit des calmouks dont la fabrication mérite des éloges.

LEVAVASSEUR, du Mans, département de la Sarthe.

Le jury a vu avec satisfaction ses couvertures blanches de laine ; il y a reconnu un bon choix de matières et une bonne fabrication.

JALAGUIER (Antoine), fabricant à Sommières, département du Gard,

A présenté des molletons, dont le jury a été fort satisfait.

Veron, du Mans,

A présenté des couvertures bien fabriquées.

Desportes (Jean-Baptiste), du Mans, département de la Sarthe.

Ce fabricant a produit des étamines d'une belle fabrication.

Dubois, père et fils, du Mans, département de la Sarthe.

Ces fabricans ont également exposé de très-belles étamines.

Lahaye-Pisson, d'Amiens,

Pour ses pannes et velours de laine fabriqués avec soin.

Saint-Riquier le jeune, de Quevauvilliers, département de la Somme,

A présenté des rubans de laine de différentes largeurs et couleurs, et des ganses de chapeau, le tout bien fait.

Labranche (Pierre), fabricant à Lodève, et l'association *des fabricans de Lodève.*

Le premier a exposé deux pièces de draps propres à l'habillement des troupes; l'association, représentée par Martin Tison, en a exposé quatre. Le jury en a trouvé les qualités fort bonnes.

Les fabriques de **Rodez** ont présenté des finettes, des serges, des tricots. Le jury trouve qu'eu égard au prix, ces objets ont du mérite.

Ces marchandises communes ont l'avantage d'être à l'usage d'une classe de consommateurs très-étendue : le jury invite les apprêteurs à les soigner.

La fabrique de SAINT-GENIEZ a présenté des cadis, des tricots, des rases, des impériales, dont la fabrication est soignée.

La fabrique de SAINT-AFRIQUE. Le jury a été satisfait de ses cadis et de ses ratines.

La fabrique de SAINT-CÔME a envoyé de très-bonnes flanelles.

Le jury, dans ses jugemens, n'a eu aucun égard aux étoffes qui ne portaient pas avec elles la preuve authentique qu'elles provenaient réellement de la fabrique au nom de laquelle elles étaient présentées. La meilleure manière de faire cette preuve est de broder le nom du fabricant au chef de la pièce, avant de l'envoyer au foulon.

Le jury n'a pas davantage pris en considération certaines pièces au chef desquelles il est écrit qu'elles ont été fabriquées dans une ville, façon d'une autre ville : par exemple, quelques fabricans écrivent *façon de Louviers ;* un fabricant d'un autre endroit écrit sur sa pièce, *façon de Sedan :* une telle inscription donne lieu à des abus condamnables. Le jury est informé qu'il se trouve des débitans peu délicats qui enlèvent de l'inscription tout ce qui indique le lieu réel de la fabrication, et laissent subsister le reste ; ils trompent ainsi les acheteurs sur la véritable origine de la marchandise.

II.

SOIERIES.

Soies filées.

JUBIÉ frères, de la Sône, département de l'Isère,

Ont envoyé des échantillons de quatre qualités de soie fine

et superfine, grèse et moulinée, et en organsin à deux et trois bouts.

Ces soies sont filées et ouvrées avec les machines de *Vaucanson.* Leur perfection les fait rechercher pour la fabrication des étoffes les plus fines; elles sont constamment payées dix ou douze pour cent de plus que les soies de Piémont les plus parfaites, d'un titre égal. On doit de la reconnaissance aux frères *Jubié*, à raison des efforts qu'ils ont faits pour vaincre les préjugés qui repoussaient l'usage de ces précieuses machines, et pour avoir formé un grand nombre d'élèves capables de les manœuvrer.

Le jury leur décerne une médaille d'or.

FAURE et LAFORÊT, de Chabeuil, département de la Drôme;

CHABERT, de Saint-Donat, département de la Drôme.

Ces fabricans ont fourni des soies bien ouvrées.

Le jury a arrêté qu'il en serait fait mention honorable.

Étoffes de soie.

PERNON (Camille), fabricant à Lyon, ayant un dépôt à Paris, rue de Cléry, n.º 90, chez le C.ᵉⁿ *Grognard,*

A exposé des étoffes de la plus grande magnificence, et dignes de la haute réputation de la ville de Lyon pour les soieries et les broderies. On y remarquait,

1.º Une robe de mousseline française, brodée en soie et dorure, sans envers, imitant parfaitement les belles broderies des Indes : elle a été exécutée dans les ateliers du C.^{en} *Rivet*, brodeur à Lyon ;

2.° Un velours soie, teint en écarlate, nuance qu'on n'avait pu obtenir jusqu'ici sur cette matière, et un damas apprêté en un blanc qui ne coule jamais : ces deux chefs-d'œuvre ont été exécutés par les procédés du C.^{en} *Gonin* fils, teinturier à Lyon ;

3.° Des satins et des taffetas grande largeur sans envers.

Le jury a remarqué dans les broderies et les brochés une grande variété et un bon choix de dessin. La broderie brochée est si bien exécutée, qu'elle imite la broderie à l'aiguille.

Le jury a décerné au C.^{en} *Pernon* une médaille d'or.

CARTIER-ROSE, fabricant à Tours, et CARTIER fils, hôtel Boutin, rue de la Loi, à Paris, n.° 315,

Ont exposé des étoffes de soie pour meubles.

Le jury a vu avec satisfaction les travaux de cette famille pour ranimer la fabrication des soies à Tours. Les C.^{ens} *Cartier* obtinrent la mention honorable à l'exposition de l'an 9. Les étoffes qu'ils ont exposées cette année sont plus belles : les dessins sont d'un goût pur ; circonstance importante, parce qu'elle contribue à étendre la consommation de ces soieries, et par conséquent à ranimer l'industrie d'une ville intéressante.

Le jury leur décerne une médaille d'argent.

VACHER, rue Vivienne, à Paris.

Le C.^{en} *Vacher* a présenté des étoffes de soie pour habillement et pour meubles, de goûts variés et agréables ;

la plupart de ces objets ont été exécutés sous sa direction.
Le jury lui décerne une médaille de bronze.

BONTEMS, fabricant, rue Mêlée, passage de l'Indien, à Paris,

Obtint une mention honorable en l'an 9 pour avoir fabriqué des étoffes en soie et coton, appelées *madras*. Depuis l'année dernière il a beaucoup perfectionné ce genre, qui fait l'occupation des ouvriers gaziers de Paris, depuis que le goût des gazes a cessé.
Le jury lui décerne une médaille de bronze.

BOURON (Joseph), de Romans, département de la Drôme.

Le jury fait mention honorable du crêpe présenté par ce citoyen.

III.

ÉTOFFES DE CRIN.

BARDEL fils, fabricant, rue Mêlée, n.º 85 à Paris,

A exposé des étoffes en crin propres à la fabrication des meubles. Il se fait une consommation considérable de ces étoffes, qui sont recherchées à cause de leur prix modéré, de leur durée, et de la propriété qu'elles ont de conserver long-temps leur fraîcheur. Le C.en *Bardel* est importateur de cette industrie en France : les étoffes de crin de sa fabrication sont douces au toucher, dans quelque sens que se fasse le mouvement de la main, et ne présentent pas, comme celles qui sont moins bien travaillées, des aspérités d'autant plus désagréables qu'elles finissent par endommager les habillemens.

Le jury lui décerne une médaille de bronze.

I V.

FILS, TOILES, BATISTES, LINONS.

BONIFACE et compagnie, de Cambray.

Ils ont présenté, au nom du commerce de Cambray, des batistes unies et rayées, et des linons qui surpassent en finesse les plus beaux objets connus en ce genre.

Le jury a sur-tout remarqué deux pièces venant de la fabrique des C.ᵉⁿˢ *Boniface* et compagnie.

L'idée de fabriquer des batistes rayées à petites côtes est heureuse, en ce qu'elle a étendu le goût de cet article. La fabrication des batistes et linons étant depuis long-temps parvenue au plus haut degré de perfection, le jury s'est borné à décerner aux C.ᵉⁿˢ *Boniface* et compagnie une médaille de bronze.

BOUAN, de Quintin, département des Côtes-du-Nord ;

MAHIEU, fabricant à Rue - Saint - Pierre, département de l'Oise ;

DUPLESSIER, fabricant à Rue-Saint-Pierre, département de l'Oise.

Le premier a exposé une pièce de toile fabriquée avec un grand soin ; elle est de très-bonne qualité. Il se fait de cet article un commerce très-étendu.

Les toiles à chemise en blanc et en écru du C.ᵉⁿ *Mahieu*

sont bien fabriquées ; le tissu en est fin et régulier, et la consommation considérable.

Celles du C.ᵉⁿ *Duplessier* sont du même genre que les précédentes, et réunissent les mêmes qualités.

Le jury décerne à ces trois fabricans une médaille de bronze, laissant au sort le soin de déterminer à qui elle sera remise.

GOUNON (Auguste), entrepreneur de la manufacture de toiles à voiles d'Agen ;

SOLLIER fils et DELARUE, entrepreneurs de la manufacture de toiles à voiles de la Piltière, à Rennes.

Le premier obtint au dernier concours une mention honorable ; les échantillons qu'il a envoyés cette année sont supérieurs.

Les C.ᵉⁿˢ *Sollier* fils et *Delarue* ont présenté des toiles à voiles dont la qualité est égale à celles du C.ᵉⁿ *Gounon*.

Le jury leur décerne une médaille de bronze, qui sera tirée au sort.

VISSER, fabricant à Turnhout,

A présenté des coutils de la première qualité.

Le jury lui décerne une médaille de bronze.

LE JURY a arrêté de faire mention honorable des citoyens ci-dessous désignés :

LANGLET, de Valenciennes,

Qui a présenté de la belle batiste.

MOTIVIER et HAMOIR, de Valenciennes,

Pour avoir fabriqué une batiste qui ne le cède pas en mérite à la précédente.

SUTERRE, fabricant à Homblière, département de l'Aisne,

Pour avoir fabriqué une pièce claire linon, de bonne qualité, à la navette volante.

PAULET, fabricant à Saint-Quentin,

A présenté une pièce de linon façonné, à l'imitation de ceux de soie, également tissu à la navette volante.

Nota. C'est la première fois que la navette volante a été employée à ce genre de fabrication.

Le jury applaudit à cette innovation.

BERARD et VETILLARD, du Mans,

Ont exposé de bonnes toiles.

GUYARD (Benjamin), de Laval,

A exposé, en blanc et en écru, des toiles fabriquées avec soin, et présentant un tissu régulier.

DE L'ÉTOILE, fabricant à Hallencourt, département de la Somme ;

THOMAS (Alexandre) père et fils, d'Abbeville ;

ACLOQUE l'aîné, DELUCHEUX et LESCUREUX, d'Amiens,

Ont présenté des linges ouvrés de ménage, dignes d'éloge à raison de leur bas prix.

SAINT-MARC, fabricant à Rennes.

La fabrication des échantillons de toiles à voiles, présentés par ce citoyen, est très-bonne.

BONNIÈRES (Michel), de Bournainville, département de l'Eure.

Rubans de fil assortis, très-bien fabriqués.

HEBBELLINCH (Ferdinand), de Gand.

Rubans mêlés de fil, d'une bonne qualité.

GOMBERT, rue du Grand-Chantier, n.º 10, à Paris,

A exposé un assortiment de fils de coton à broder, marquer et tricoter. Tous ces objets sont habilement préparés ; les nuances sont choisies et variées. Le blanc est d'un grand éclat.

TROTRY, de Craon, département de la Mayenne,

Qui obtint une médaille de bronze à l'exposition de l'an 9 pour des fils écrus d'une belle filature, en a envoyé un très-bel échantillon cette année.

V.

DENTELLES.

BOULAY, d'Alençon,

A présenté plusieurs échantillons de points d'Alençon de la plus grande beauté ; il a beaucoup contribué à rétablir l'activité de ce genre de travail, qui entretient une population nombreuse.

VANDESSEL, manufacturier à Chantilly,

A présenté un superbe mouchoir en dentelles noires. Sa fabrication entretient un grand nombre d'ouvriers.

Le jury décerne en commun, à ces deux manufacturiers, une médaille d'argent.

Le jury a également accordé en commun une médaille de bronze,

A Mme ONFROY, de l'Aigle,

Pour des échantillons de dentelles fabriquées à l'Aigle, où cette industrie est nouvelle :

Les dessins sont d'un excellent goût ; ils ont été fournis par les meilleurs artistes ;

Au C.^{en} SOUDRA,

Qui a présenté, au nom du commerce de Valenciennes, des échantillons de très-belles dentelles ;

Aux C.^{ens} ROBERT cadet, DASSERAT, ROLAND père et fils, et GUICHARD-PORTAL, fabricans de dentelles noires au Puy, département de la Haute-Loire.

L'industrie de ces fabricans fut jugée digne, l'année dernière, d'une mention honorable ; elle a augmenté depuis. C'est pourquoi ils sont joints aux deux précédens pour tirer au sort une médaille de bronze.

––––––––––

LE JURY a arrêté qu'il serait fait mention honorable des citoyens dont les noms suivent :

SAINT-REMY-CARETTE et ANSART PIERON, d'Arras,

A cause des dentelles qu'ils ont exposées ;

DUFOUR, d'Arras,

Pour avoir présenté du beau fil à dentelle.

VI.

COTONS FILÉS.

DELAÎTRE, NOEL et compagnie, de l'Épine près Arpajon.

Cette manufacture a obtenu, l'année dernière, une médaille d'or : elle est conduite sur d'excellens principes.

Le jury s'est assuré, par les questions qu'il a faites aux fabricans d'étoffes de coton, que les fils de la manufacture de l'Épine sont estimés et fort recherchés. Elle a exposé de belles cardes. Il est extrêmement agréable au jury de faire connaître au Gouvernement toute l'importance de cet établissement.

POUCHET (Louis E.), de Rouen.

Il n'a cessé, depuis 1786, de s'occuper de l'établissement des filatures de coton. Il a imaginé récemment de diviser le système d'*Arkwright* en petites machines qui n'occupent pas plus de place qu'un rouet commun. Ces machines ont l'avantage de convenir aux plus petits emplacemens ; elles peuvent être manœuvrées par une personne isolée, et donnent la facilité d'allier les soins domestiques aux travaux d'une filature vingt-quatre fois plus productive que celle des rouets ordinaires : elles n'exigent qu'un apprentissage de deux heures, tandis que les rouets ordinaires demandent trois mois ; circonstance qui en rend l'introduction facile dans les maisons de détention.

Le jury estime que le C.^{en} *Pouchet* mérite une médaille d'or.

LEMAÎTRE (Jacques) et fils, de Bolbec;
GUÉROULT et LELIÈVRE, de Rouen.

Les C.^ns *Lemaître* sont entrepreneurs de filature continue et de filature au mul-jenny : ils ont produit des échantillons filés par les deux systèmes.

Le jury a trouvé leur filature bonne et régulière.

Les C.^ns *Guéroult* et *Lelièvre* ne font que la filature continue : leurs fils sont régulièrement travaillés ; il a paru au jury qu'ils égalaient ceux des C.^ns *Lemaître*. La filature des C.^ns *Guéroult* et *Lelièvre* est mise en mouvement par une machine à vapeurs qui a été faite, aussi-bien que les machines à filer, dans les ateliers de Chaillot, par le C.^en *Perrier*. Les mécanismes à filer sont construits sur les principes d'*Arkwright*, auxquels le C.^en *Perrier* a ajouté des perfectionnemens.

Le jury décerne en commun aux entrepreneurs de ces deux établissemens de filature, une médaille d'argent, qu'ils tireront au sort.

LINARD, fabricant à Lescar, département des Basses-Pyrénées;
DELADERRIÈRE-DUBOIS, entrepreneur de filature à Arras.

Les échantillons produits par le C.^en *Linard* sont bien filés. Ce citoyen a formé son établissement dans un pays où l'industrie étant peu avancée, il lui a fallu vaincre de grandes difficultés : c'est un titre de plus à l'intérêt du Gouvernement.

La filature du C.^{en} *Deladerrière-Dubois* est bonne et régulière ; les prix en sont modérés.

Le jury décerne en commun aux C.^{ens} *Linard* et *Deladerrière-Dubois* une médaille de bronze, qu'ils tireront au sort.

—————————

LE JURY a arrêté de faire mention honorable des citoyens

RAULIN , propriétaire d'une filature continue à Rouen ;

DAUPHIN , CHANTELOU , MESNIL et LEGOUPIL , entrepreneurs d'une filature continue à Gonneville près Valognes, département de la Manche ;

ACHARD , entrepreneur de filature à Valence , département de la Drôme.

Les trois établissemens dont les chefs viennent d'être nommés , travaillent avec soin : on remarque beaucoup d'égalité dans le fil ; ce qui est la première condition de la filature.

VII.
ÉTOFFES DE COTON.

Basins , Piqués , Molletons , Toiles &c.

BAUWENS frères, de Gand.

Au dernier concours, le jury décerna à ces fabricans une médaille d'or : les basins et piqués qu'ils présentèrent à cette époque, furent trouvés très-beaux ; ceux qu'ils envoient aujourd'hui sont d'un travail plus parfait. Indépendamment du mérite de la fabrication , ils sont remarquables par celui de l'apprêt ; qualité sous le rapport de laquelle les piqués de France étaient en général inférieurs aux piqués étrangers.

RICHARD et NOIR-DUFRESNE, manufacturiers, rue de Charonne, faubourg Saint-Antoine.

Ils obtinrent en l'an 9 une médaille d'argent; depuis, leur manufacture a fait de grands progrès : leurs basins sont de la première beauté ; leurs piqués sont bien fabriqués. Ils filent eux-mêmes tous les cotons nécessaires à leurs travaux. Leur établissement est fort étendu, et occupe un nombre considérable d'ouvriers.

Le jury les juge dignes d'une médaille d'or.

PATUREAU et COSSARD, de Troyes.

. Il fut décerné en l'an 9, au C.^{en} *Patureau*, une médaille d'argent. Il a présenté, de concert avec son associé, différens articles en basin, piqué, &c. qui ne le cèdent point à ceux qui le firent distinguer. Le jury a remarqué, entre autres, une pièce de piqué à vingt-six échantillons, qui prouve que ces fabricans connaissent leur art dans toute son étendue. Il a aussi été frappé de la grande perfection d'une pièce de basin-mousselinette : le prix en est modéré, eu égard à la qualité. Ces associés sont assortis depuis le commun jusqu'au plus fin.

Le jury juge leurs travaux dignes des plus grands éloges.

VATINEL, fabricant à Paris, rue de la Tour, au Marais.

Il a exposé, cette année, des basins et des piqués d'une excellente fabrication. Il obtint, au dernier concours, une mention honorable.

Le jury trouve ses progrès assez considérables pour lui décerner une médaille d'argent.

PUJOL, de Saint-Dié, département de Loir-et-Cher.

Il lui fut accordé, à la dernière exposition, une médaille de bronze pour la bonne fabrication de ses molletons et de ses couvertures de coton. Les objets qu'il a envoyés cette année sont d'un travail soigné et supérieur à celui de l'année dernière. Ce fabricant a atteint, dans son genre, un degré remarquable de perfection.

Le jury le juge digne d'une médaille d'argent.

Les onze associés de la manufacture de CHOLLET ont obtenu, en l'an 9, une mention honorable. La perfection qu'ils ont donnée à la fabrication des mouchoirs connus sous la dénomination de *Chollet*, s'est tellement accrue depuis une année, que le jury a pensé que ces fabricans méritaient la médaille d'argent.

HUOT (Charles), de Troyes ;

FAVEROT, autre fabricant de Troyes.

Les piqués du C.^{en} *Huot* sont d'un prix modéré et d'une bonne fabrication.

Une pièce de piqué broché à grand dessin, figurant la mousseline avec transparent rouge, fabriquée par le C.^{en} *Faverot*, annonce un homme très-instruit dans le montage des métiers à étoffes façonnées.

Le jury décerne à ces deux manufacturiers une médaille de bronze : le sort indiquera celui d'entre eux auquel elle sera remise.

BEAUFOUR, fabricant à Eauplet-lès-Rouen.

Le basin qu'il a présenté est fabriqué avec soin : le prix en est modéré.

Le jury le juge digne d'une médaille de bronze.

PRUNET,

PRUNET, d'Alby, département du Tarn.

Ses molletons de coton sont bien fabriqués : le prix en est peu élevé, eu égard à la qualité.

Le jury a pensé que ce fabricant méritait une médaille de bronze.

DECRESME, de Roubais.

Il a présenté des nankinets d'une bonne fabrication : il a le génie inventif, et il donne promptement aux étoffes les formes et les variétés que demande la mode. C'est à ses talens qu'est dû en grande partie l'état satisfaisant de la fabrique de Roubais.

Le jury lui décerne une médaille de bronze.

COUSIN (D.^{elles}), de Neufchâtel, département de la Seine-Inférieure.

Elles obtinrent, l'année dernière, une mention honorable pour leurs siamoises.

Le jury, satisfait de leurs progrès, leur décerne une médaille de bronze.

———————

LE JURY a arrêté qu'il serait fait mention honorable des citoyens

DESPEAUX, de Rouen,

Qui a présenté de belles nankinettes;

NICOLLE, de Rouen,

Qui a présenté des nankinettes égales aux précédentes;

BUZOT, d'Évreux,

Pour ses coutils montés en chaîne sur fil et tramés en coton.

Nota. Ce fabricant fut mentionné honorablement, l'année dernière, pour des coutils ordinaires.

C

CHATBOTTÉ, fabricant à Troyes.

Mouchoirs à carreaux ; bonne fabrication et prix modéré.

MARLIN, rue Saint-Victor, n.° 143, à Paris.

Couvertures de laine et de coton faites avec soin.

Velours de coton.

GODET et **DELÉPINE**, de Rouen.

Ils ont présenté un assortiment de velours unis et rayés, qui comprend une série de qualités depuis les communes jusqu'aux plus fines. Celles-ci sont d'un degré de finesse très-rare dans le commerce, et au-delà duquel on ne connaît rien dans le même genre. Les prix sont proportionnés aux qualités. Cette fabrique, qui a obtenu une médaille d'or au dernier concours, soutient complétement sa réputation.

MORGAN et **DELAHAYE**, d'Amiens.

Au dernier concours, ils furent jugés dignes de la médaille d'or : leur fabrication s'est beaucoup perfectionnée depuis cette époque. Leurs prix sont assez modérés pour ne point redouter la concurrence des fabriques étrangères.

DEVILLERS père et fils, d'Amiens.

La fabrication de leurs velours est bonne, et leur prix modéré.

Le jury leur décerne une médaille de bronze.

VIII.
BONNETERIE.

PAYN fils, de Troyes.

Ce citoyen est un des plus habiles fabricans de bas de coton que nous ayons en France. Les articles qu'il présente cette année sont de la première beauté. La manufacture du C.^{en} Payn est importante par son étendue. Ce fabricant obtint la distinction du premier ordre à la première exposition.

Le jury lui décerne une médaille d'or.

CAHOURS père et fils , manufacturiers à Rentigny , département de l'Oise; à Vallençay , département de l'Indre ; à Paris , rue Planche-Mibray , n.º 3.

Ces citoyens ont obtenu, l'année dernière, une médaille d'argent. Les bonneteries qu'ils ont présentées cette année, sont préférables à celles qui leur valurent cette distinction. Ces fabricans répondent aux faveurs du Gouvernement, en étendant et en perfectionnant leur industrie ; c'est une justice que le jury se plaît à leur rendre.

DETREY aîné , de Besançon , fabricant de bas de fil.

Ce citoyen fut distingué à la première exposition , et obtint une médaille d'argent à celle de l'an 9. Le jury voit avec plaisir que non-seulement ce fabricant soutient les qualités de ses bas, mais qu'il les améliore chaque année.

LENFUMEY-CAMUSAT , de Troyes ;

La manufacture de Grillon , près Dourdan.

Le premier obtint une médaille de bronze à l'exposition de l'an 9 ; il a parfaitement soutenu et même amélioré sa fabrication. Le jury a sur-tout remarqué des bas de couleur mêlée, fabriqués avec des cotons de la filature nouvellement établie à Troyes par le C.^{en} *Ferrand* , lequel a trouvé le moyen, en mélangeant les cotons à la carde, de donner aux nuances un moelleux et un fondu qu'on n'avait pas atteint jusqu'ici.

La manufacture de Grillon, près Dourdan, a présenté des bas de coton d'une bonne fabrication et d'un prix modéré.

Le jury décerne en commun à cette manufacture et au C.^{en} *Lenfumey-Camusat*, une médaille d'argent.

Veuve LEGRAND, de Saint-Just, département de l'Oise.

Les bas de fil qu'elle a présentés, sont faits avec soin : le prix en est peu élevé.

Le jury décerne à la veuve *Legrand* une médaille de bronze.

Benoît HANAPIER et fils, d'Orléans ;
Benoit MÉRAT, DESFRANCS et MINGRE-BAGUENEAU, d'Orléans ;
GAUDRY le jeune, d'Orléans.

Les casquets façon de Tunis fabriqués dans les trois établissemens dirigés par les citoyens qui viennent d'être nommés, sont d'une bonne matière, bien tricotés et feutrés ; pour la finesse de la laine et le teint, ils sont absolument semblables à ceux de Tunis, que les Orientaux estiment beaucoup. Cet objet est important dans le commerce du Levant.

Le jury décerne en commun, à ces trois établissemens, une médaille de bronze.

Le Jury arrête qu'il sera fait mention honorable des citoyens

Méjan, fabricant à Tourneiroles, département du Gard.

Des bas de soie, exposés par ce fabricant, sont d'une qualité supérieure, et dignes de la réputation dont le département du Gard jouit depuis long-temps pour cette partie.

Vanhop, de Moll, département des Deux-Nèthes ;

Lamarque, d'Oléron, département des Basses-Pyrénées ;

J. B. Seels, d'Arendonk, département des Deux-Nèthes,

Ont envoyé à l'exposition, des tricots de laine à différens usages, comme bas, gants, pantalons. Ces objets ont paru bons dans leur genre.

Gervais, fabricant de bas de soie à Marseille,

A présenté des bas d'une belle qualité.

Clément, fabricant à Prades, département des Basses-Pyrénées ;

Rottang, Vidal et compagnie, de Marseille.

Ces citoyens fabriquent avec succès des casquets façon de Tunis.

IX.

PAPETERIE.

JOHANNOT, fabricant de papier à Annonay, département de l'Ardèche.

Ce citoyen, qui obtint une médaille d'argent en l'an 9, a présenté cette année des papiers de la première beauté.
Le jury lui décerne une médaille d'or.

PERRIN, demeurant à Paris, rue Mouffetard, n.° 410,

A présenté des échantillons d'un papier fabriqué au moyen des toiles métalliques, pour lesquelles il obtint une médaille d'argent à l'exposition de l'an 9.
Ces papiers sont difficiles à imiter, et peuvent devenir très-utiles pour les lettres de change et les effets de commerce.

ROCHEBRUNE, d'Angoulême,

VILLARMAIN, d'Angoulême,

Ont exposé de très-beaux papiers.
Le jury leur décerne en commun une médaille d'argent.

X.

ARTS MÉCANIQUES.

Horlogerie.

BERTHOUD (Louis), demeurant à Paris, au dépôt des cartes marines, rue de la place Vendôme.

Cet artiste s'est rendu justement célèbre par la perfection

de ses montres à longitude ou garde-temps, dont la justesse, constatée par des expériences répétées et précises, lui a valu le prix de l'institut national. Cette année il présente, pour la première fois, au public, la connaissance de leur mécanisme, qu'il s'était toujours réservée. Il a exposé de plus une horloge astronomique, exécutée avec la plus grande perfection, et dans laquelle les effets du frottement sont diminués par des procédés extrêmement ingénieux.

Le jury le juge digne d'une médaille d'or.

Bréguet, demeurant quai de l'Horloge, à Paris.

A l'exposition de l'an 6, il présenta une montre à laquelle il avait adapté l'échappement à force constante, dont il est l'inventeur; cette année il a produit le même échappement adapté à une pendule à demi-seconde, dont l'aiguille à secondes bat d'un seul coup comme si la pendule était à échappement libre. Le C.en *Bréguet* présente en outre une montre marine ou garde-temps, ainsi que les moyens qu'il applique aux montres pour les régler dans leurs positions verticales. Ces moyens ingénieux, et les productions variées de cet artiste, lui ont acquis une réputation qu'il soutient constamment par la fabrication la plus parfaite.

Le jury lui décerne une médaille d'or.

Janvier (Antide), demeurant à Paris, au Palais national des sciences et des arts,

A présenté plusieurs pendules curieuses qui marquent les mouvemens de la lune et du soleil. Mais la principale de ses productions est une horloge à sphère mouvante, qui représente les révolutions des corps qui composent le système

:olaire : cette composition est également remarquable par la justesse des calculs et par la combinaison des moyens mécaniques imaginés pour en exprimer les résultats.

Le jury décerne au C.^{en} *Janvier* une médaille d'or.

ROBERT (François) , horloger à Besançon.

Ce citoyen obtint une médaille d'argent à l'exposition de l'année dernière , pour avoir concouru à soutenir la manufacture de Besançon, en faisant beaucoup travailler , et pour avoir établi de bonnes montres à bas prix.

Depuis un an , il a fait exécuter près de cinq mille montres , et occupe constamment six cents ouvriers ; il a exposé au Louvre des montres depuis le prix de 25 fr. jusqu'à celui de 1200 fr. On s'est assuré que la marche des plus communes est régulière ; les plus-précieuses sont d'une bonne exécution. Sous tous les rapports, cet artiste se montre supérieur à ce qu'il était l'année dernière.

SANDOZ , horloger à Besançon.

Cet artiste a exposé des ébauches de mouvemens de montre à un bas prix remarquable ; il donne la cage du mouvement , qui contient soixante - trois pièces, pour 45 sous. Il parvient à l'exécution de ces mouvemens ébauchés , par le moyen de machines de son invention dont l'usage prouve l'excellence.

Le jury lui décerne une médaille d'argent.

JAPPY , fabricant à Beaucourt , département du Haut-Rhin ,

Fabrique aussi , par des moyens mécaniques , des

mouvemens bruts aussi bons que ceux du C.^{en} *Sandoz ;* mais ils sont plus chers de dix pour cent.

Le jury décerne au C.^{en} *Jappy* une médaille de bronze.

AUZIÈRE , horloger à Besançon.

Cet artiste a présenté deux montres à carillon , une montre dans une bague et une autre dans un médaillon , d'une fort bonne exécution. Le travail du C.^{en} *Auzière* est précieux , et en général supérieur à celui des trois horlogers dont il vient d'être parlé : mais ce genre ne donne pas lieu à un commerce aussi étendu ; c'est pourquoi le jury se borne à en faire mention honorable.

ISABEL , horloger à Rouen ,

A présenté une montre à secondes d'une exécution assez belle, et qui annonce un homme au fait des difficultés de son art et instruit des moyens de les vaincre.

Le jury en fait mention honorable.

Instrumens de Mathématiques et de Physique.

LENOIR , fabricant d'instrumens de mathématiques à Paris, rue de la place Vendôme , au dépôt des cartes de la marine ,

A exposé ,

1.º Un équatorial le mieux combiné que le jury connaisse , pour la légéreté , pour l'équilibration des diverses parties , pour la facilité de régler , vérifier et orienter l'instrument ;

2.° Un quart de cercle qui paraît ne laisser rien à desirer dans son genre ;

3.° Un cercle répétiteur, de grande dimension, bien exécuté.

Cet habile et ingénieux artiste a obtenu la distinction du premier ordre à toutes les expositions des produits de l'industrie qui ont eu lieu jusqu'ici : nous voyons, avec une vive satisfaction, que ses nouvelles productions sont propres à augmenter la réputation dont il jouit dans toute l'Europe.

JECKER, fabricant d'instrumens de mathématiques et de physique, rue des Marmouzets, n.° 42, à Paris,

Artiste extrêmement recommandable pour avoir établi en fabrique la construction des instrumens de précision, objets importans qu'on tirait de l'étranger, et pour avoir réuni la bonne qualité au bon marché.

Le jury lui décerne une médaille d'argent.

DEVRINE, de Paris,

A exposé une balance d'essai, d'une exécution extrêmement soignée, et qui promet une grande précision.

Le jury lui décerne une médaille de bronze.

LEREBOURS, opticien sur le Pont-Neuf, à la pointe du quai de l'Horloge, à Paris,

A présenté un télescope et plusieurs autres objets d'optique d'une belle exécution : cet artiste est, dans ce genre, un des plus recommandables de Paris.

Le jury arrête qu'il en sera fait mention honorable.

Art monétaire.

Droz, rue Hautefeuille, à Paris.

Cet artiste a embrassé dans toute son étendue l'art du monnayage, et il n'est pas une partie de cet art qu'il n'ait améliorée. Par ses procédés, s'ils étaient adoptés, la possibilité de contrefaire les monnaies serait presque entièrement détruite. Il frappe la pièce en même temps sur la tranche et sur le plat, avec un degré de perfection tel qu'on peut regarder les monnaies ainsi frappées comme ayant l'avantage de ne pouvoir être imitées.

Le jury lui décerne une médaille d'or.

Gengembre, mécanicien des monnaies de la République,

A présenté un balancier construit à ses frais, où l'on remarque plusieurs choses nouvelles et ingénieuses. Il a également imaginé des moyens plus parfaits que ceux qui sont en usage dans les ateliers monétaires, pour mettre au poids les flaons destinés à être frappés en monnaie. Ces machines démontrent dans leur auteur un esprit d'invention conduit par des connaissances théoriques, fruit d'excellentes études.

Le jury lui décerne une médaille d'argent.

Saulnier, employé à la monnaie,

A présenté, pour frapper les monnaies, une machine très-simple et très-exacte, qui a l'avantage de s'adapter à tous les balanciers.

Le jury lui décerne une médaille de bronze.

Machines et Productions mécaniques applicables aux Manufactures.

AUBERT, fabricant et mécanicien, à Lyon,

A présenté un métier à tricot sur chaîne, au moyen duquel 400 fils sont emmaillés avec la plus grande précision, par le simple mouvement d'une manivelle.

Le jury lui décerne une médaille d'or.

JEANDEAU, mécanicien de Genève.

Ce citoyen a présenté un métier de son invention, propre à la fabrication du tricot ordinaire. Cette machine est remarquable par sa simplicité, par sa légéreté et par la modicité de son prix ; elle n'exige que peu d'apprentissage, et par-là même elle est susceptible de devenir d'un usage domestique. L'originalité des moyens employés par le C.ᵉⁿ *Jeandeau* décèle en lui un génie très-inventif.

Le jury lui décerne une médaille d'argent.

TISSOT, fabricant, petite rue de Reuilly, n.º 8, faubourg Saint-Antoine, à Paris.

Il obtint une médaille de bronze à l'exposition de l'an 9, pour avoir mis en activité et perfectionné la fabrication des cornes transparentes pour lanternes. Depuis l'année dernière, il a trouvé le moyen de donner à ces cornes un plus beau poli ; ce qui en augmente la transparence.

PELLUARD et compagnie, de Liancourt,

Ont exposé des cardes d'une fabrication régulière. Beaucoup de manufactures les emploient, et l'usage prouve leur bonté.

Le jury décerne aux C.ᵉⁿˢ *Pelluard* et compagnie une médaille de bronze.

Fauquier, de Rouen.

Ce citoyen fabrique des rots d'acier , qui servent à la fabrication des étoffes. Ceux qu'il a exposés ont paru bien faits et régulièrement espacés.

Le jury lui décerne une médaille de bronze.

———————

Le Jury arrête qu'il sera fait mention honorable des citoyens dont les noms suivent :

Cala, rue Faubourg Poissonnière , n.º 28 , à Paris,

Pour avoir présenté des cylindres de filature , cannelés par des procédés ingénieux qui lui sont particuliers.

> *Nota.* Ce citoyen, connu par son habileté comme constructeur de modèles et de machines , obtint une médaille de bronze à l'exposition de l'an 9 , pour des tissus en bois coloré , ou mêlés de soie et de bois ; tissus employés dans le commerce des modes.

Fournier , entrepreneur d'une filature de lin et de chanvre, à Paris , maison de Mesmes , rue Sainté - Avoye.

Ce citoyen a présenté une petite machine ingénieuse pour filer le chanvre et le lin, avec des échantillons de fils de divers degrés de finesse et d'une filature régulière.

Charpentier, mécanicien aux Gobelins, à Paris.

Les machines hydrauliques que ce citoyen a exposées peuvent être utiles aux manufactures.

Dumontier, de Rouen,

A exposé des cornes à lanterne transparentes et d'une grande dimension.

Productions mécaniques applicables à divers objets.

MONTGOLFIER fils , rue des Juifs , n.° 18, à Paris ,

A exposé le belier hydraulique.

Les commissaires nommés en l'an 7 par l'institut pour examiner cette machine, ont reconnu « qu'elle était *neuve,* » *très - simple et très - ingénieuse ;* qu'elle était préférable aux » roues hydrauliques pour élever à des hauteurs médiocres » les eaux des sources et des ruisseaux qui ont quelques » pieds de pente , principalement lorsque ces eaux , par » leur peu d'abondance , ne comporteraient pas l'usage et » l'embarras d'une roue à pot. »

La machine sur laquelle les commissaires de l'institut firent leurs expériences , n'était pas aussi bien disposée et composée dans ses parties que celle dont le modèle a été mis sous les yeux du jury ; l'auteur a trouvé des moyens sûrs et très - simples pour éviter les secousses produites par l'ouverture et la fermeture successives de la soupape d'issue.

Le jury a considéré qu'il y a une multitude de cas où l'élévation de petits filets d'eau peut devenir de la plus grande utilité à l'agriculture et aux manufactures. Or, le belier hydraulique ayant , exclusivement aux autres machines connues , l'avantage de mettre les petits courans à profit , est par cela seul une invention précieuse.

Le jury décerne à son auteur une médaille d'or.

WHITE, mécanicien, rue Popincourt, n.° 47, à Paris.

Il a présenté une combinaison d'engrenage au moyen de laquelle un mouvement circulaire continu correspond à un mouvement de va-et-vient en ligne droite, qui peut avoir une direction arbitraire dans un plan donné. Cette invention peut être fort utile dans la mécanique appliquée. .

Le même artiste a présenté d'autres modèles de machines qui offrent des idées très-ingénieuses ; entre autres, une romaine perfectionnée qui lui donne beaucoup de précision.

Le jury lui décerne une médaille d'argent.

ABOVILLE (Le général D'), sénateur, premier inspecteur d'artillerie,

A exposé des modèles de roues dites *à voussoir.* Cette construction, dont il est l'inventeur, augmente beaucoup la force des roues, et présente l'avantage d'économiser le bois à moyeu.

A ces modèles était jointe une machine pour la fabrication des roues dans ce nouveau système ; machine qui en rend l'exécution indépendante de la mal-adresse de l'ouvrier : elle est de l'invention du chef de bataillon d'artillerie *d'Aboville*, fils du général *d'Aboville.*

Ces deux objets ont paru d'un grand mérite aux yeux du jury, comme offrant des avantages considérables pour le service de l'artillerie, et un perfectionnement majeur dans l'art important du charronnage : c'est pourquoi il en fait mention expresse et honorable.

BOUTET, entrepreneur de la manufacture d'armes de Versailles, demeurant à Paris, rue de la Loi.

La beauté et les bonnes qualités des armes de la manufacture de Versailles sont renommées dans toute l'Europe. Cet établissement fut d'abord conduit aux frais du

Gouvernement par le C.^{en} *Boutet*, qui s'en est depuis chargé, et l'a maintenu dans sa splendeur.

Le jury décerne au C.^{en} *Boutet* une médaille d'or.

X I.

PRÉPARATION DES MÉTAUX.

COLIN DE CANCEY, fabricant propriétaire de l'aciérie de Soupes, département de Seine-et-Marne.

GUÉRIN DE SERCILLY, directeur de la même aciérie.

La manufacture de Soupes est anciennement établie; elle a toujours langui jusqu'aux entrepreneurs actuels qui lui ont donné de l'activité. Ils ont exposé des aciers appropriés aux besoins divers des arts; ces aciers, soumis à toutes les expériences nécessaires dans les ateliers de Chaillot, ont été trouvés de la meilleure qualité : on en a fait faire un ressort de pendule qui a parfaitement réussi. Ces entrepreneurs ont aussi fabriqué à Soupes des cylindres de laminoir auxquels il ne manque rien, tant sous le rapport de la dureté que sous celui du tour. Cette aciérie est la plus considérable qui existe en France.

Le jury décerne à ses entrepreneurs une médaille d'or.

BADIN, fondeur, rue des Boulets, n.ºs 8 et 15, à Paris.

Ce citoyen a présenté :

1.° Des rouleaux de fonte de fer propres à laminer toutes sortes de métaux, même à chaud, sans rien perdre de leur dureté ;

2.° Des fers à chapelier non sujets à se gercer ;

3.°

3.° Des filières de très-bonne qualité à l'usage des tireurs d'or ;

4.° De l'acier fondu préparé par lui, et un rasoir fabriqué avec cet acier.

Vu l'utilité de ces objets et la modicité de leur prix , le jury décerne au citoyen *Badin* une médaille d'argent.

FLEURS (Veuve), propriétaire des forges de Lods, département du Doubs ;

ÉDOUARD MOURET , propriétaire des forges de Châtillon , département du Doubs ;

BOUCHOTTE , propriétaire de forges à l'Ile-sur-le-Doubs , département du Doubs ;

FLEURY jeune, fabricant de fil de fer pour les cardes, à l'Aigle , département de l'Orne ;

BOUCHER fils et compagnie , fabricans à l'Aigle, département de l'Orne.

Les quatre premiers ont exposé des fils de fer dans lesquels le jury a reconnu les qualités qui sont la suite d'un bon choix de matière et d'une fabrication bien entendue : ces fils sont élastiques , tenaces et propres à la fabrication des cardes.

Les C.^{ens} *Boucher* et compagnie ont exposé des fils de laiton qu'ils ont fabriqués dans un établissement récemment formé. Ces fils ont paru très-bons.

Le jury décerne une médaille d'argent en commun à ces cinq fabriques importantes.

RAOUL , fabricant de limes , place Thionville, n.° 28 , à Paris.

Les limes fabriquées par ce citoyen sont exécutées avec

D

une grande perfection, sous le rapport de la taille et sous celui de la trempe. Leur réputation s'accroît de plus en plus, et l'expérience confirme chaque jour la justice de la décision par laquelle une médaille d'argent fut décernée au C.en *Raoul* à une exposition précédente. Le jury déclare que cet artiste s'applique constamment à augmenter les bonnes qualités de ses limes, et qu'il y réussit.

DUCRUSEL, d'Amboise, fabricant de limes.

La fabrique d'Amboise est une des premières de France où l'on ait fait des limes : elle a langui pendant long-temps ; le C.en *Ducrusel* l'a ranimée ; les limes qui en sortent sont très-bonnes.

Le jury décerne au C.en *Ducrusel* une médaille d'argent.

JEANNETY, rue du Colombier, n.° 38, à Paris.

Ce citoyen a trouvé l'art de travailler le platine, ce métal si rebelle aux efforts des métallurgistes, et doué de tant de qualités précieuses. Il en a fait des bijoux et des instrumens de chimie d'une grande utilité.

Le jury lui décerne une médaille d'argent.

BOUVIER, fondeur, enclos de la Cité, n.° 5, à Paris,

Obtint, à l'exposition de l'an 9, une médaille d'argent, pour son habileté comme fondeur : il s'est depuis long-temps placé au premier rang dans cet art ; il s'est fait remarquer cette année par des planches d'imprimerie en cuivre fondu, au moyen desquelles il a imprimé des ouvrages classiques qui peuvent être donnés à meilleur marché que les éditions ordinaires.

HENRI et THIROUIN, fabricans de boutons de métal, à Paris, rue Beaubourg, n.° 275.

Ces citoyens ont été honorablement mentionnés en l'an 9 : ils ont exposé cette année des boutons dorés et argentés ; leurs prix peuvent avantageusement soutenir la concurrence étrangère.

Le jury leur décerne une médaille de bronze.

———

LE JURY a arrêté de faire mention honorable des citoyens dont les noms suivent :

BORNÈQUE l'aîné, fabricant à Bischvillers,

A présenté des faulx, des casseroles et écuelles embouties et étamées.

Le jury a vu ces divers objets avec satisfaction.

SABATIER, préfet de la Nièvre,

A présenté des fers, de l'acier et des limes : les fers sont d'une bonne qualité ; l'acier et les limes ont paru fabriqués avec soin.

TOUSSAINT père et fils, manufacturiers à Raucourt, département des Ardennes,

Ont présenté des boucles en acier poli, et d'autres quincailleries d'une exécution qui mérite des éloges.

MARTIN AKERMAN et compagnie, à la Tour-Saint-Jacques, à Paris.

Ces citoyens ont importé de l'étranger en France un procédé pour fabriquer le plomb à giboyer. Celui qu'ils fabriquent est bien sphérique, et ne peut être creux, défaut qui se trouve au plomb préparé par l'ancien procédé.

THÉODORE HOMBERT, du Havre,

A présenté un assortiment d'instrumens propres à la pêche de la baleine, très-bien exécutés.

POTTIER frères, à Saint-Malo,

Ont présenté un assortiment d'hameçons pour la pêche, d'un bon acier, bien fabriqués et d'un prix modéré.

DIETRICH, de Strasbourg,

Inventeur d'un procédé au moyen duquel il fabrique du fer doux avec une fonte qui n'avait produit jusqu'ici que du fer cassant à froid.

P. S. FABRIQUE DE SAINT-ETIENNE.

Le jury n'a reçu que le 2 vendémiaire an 11, des limes, des serrures et diverses quincailleries envoyées par cette fabrique importante ; alors le travail était terminé, et le jury n'a pu faire concourir ces objets pour les médailles. Pour cette raison, il ne peut qu'en faire une mention très-honorable, comme étant bien fabriqués, et d'un prix extrêmement modique.

XII.

ARTS CHIMIQUES.

Produits chimiques.

CONTÉ, fabricant de crayons, place du Tribunat, n.º 1, à Paris,

Ayant eu une médaille d'or en l'an 9.

Le public rend de plus en plus justice aux crayons de

toutes les variétés, fabriqués par le C.^{en} *Conté*. Ces crayons se vendent en concurrence avec ceux de l'étranger, dans le pays même où ceux-ci sont fabriqués.

Le jury fit observer, l'année dernière, que la découverte du C.^{en} *Conté* avait donné à la France une branche de commerce dont elle était absolument privée. Ce commerce a fait des progrès considérables dans le cours de l'année.

DESCROISILLES frères, à Rouen.

Ces artistes habiles ont établi dans leurs ateliers de blanchisserie bertholléenne, un procédé pour fabriquer le muriate d'étain avec une telle économie, qu'ils en ont réduit le prix au huitième de ce qu'il était auparavant : ce sel est d'un usage journalier dans les fabriques d'indienne et dans les teintureries.

La blanchisserie des C.^{ens} *Descroisilles* est un des plus parfaits établissemens de ce genre que nous ayons en France. Elle a reçu beaucoup d'améliorations dans le cours de cette année.

Le jury décerne aux frères *Descroisilles* une médaille d'or.

AMFRYE et DARCET, à la Monnaie, à Paris,

Ont exposé des carbonates de strontiane et de baryte, qu'ils ont fabriqués par des procédés qui leur sont particuliers. Ils en ont soumis près de vingt kilogrammes à l'examen du jury, en annonçant qu'ils seront en état de le livrer au prix d'un franc le kilogramme, au plus. Cette découverte met entre les mains de nos artistes un des agens de décomposition les plus puissans que l'on connaisse : elle peut avoir une influence majeure sur plusieurs arts importans, entre autres sur les verreries, les savonneries et les fabriques de toiles peintes.

Le jury décerne à ces citoyens une médaille d'or.

GOHIN frères, fabricans, rue du faubourg Saint-Martin, n.° 8, à Paris.

Ces citoyens ont perfectionné l'art de fabriquer les couleurs, et sur-tout le bleu de Prusse. Ils ont introduit de nouvelles couleurs très-recherchées des artistes; ils font un commerce étendu des objets de leur fabrication.

Le jury leur décerne une médaille d'argent.

DEGOUVENAIN, de Dijon.

Le vinaigre qu'il a présenté est pur et d'une saveur agréable : 1000 parties des plus forts vinaigres connus sont saturées par 114 parties de potasse ; 1000 parties de celui du C.^{en} *Degouvenain* absorbent 140 à 150 parties de potasse.

Le jury décerne à ce citoyen une médaille de bronze.

DAMART-VILET, à Paris,

A contribué à introduire en France la fabrication du bleu de tournesol. Celui qu'il a présenté est très-bien préparé.

Le jury lui décerne une médaille de bronze.

VANDER SCHELDEN, RAEPSEL et compagnie, de Gand.

Le bleu pâle, dit *bleu de Hollande*, fabriqué par ces citoyens, est d'une belle nuance et d'une bonne qualité.

Le jury leur décerne une médaille de bronze.

Le Jury a arrêté de faire mention honorable des citoyens dont les noms suivent :

Volpelius, de Sulzbach, département de la Sarre.

Son blanc minéral, son bleu de Prusse et son sel ammoniac sont de bonne qualité.

Delessert (Benjamin),

Pour avoir établi à Passy une raffinerie de sucre avec des fourneaux économiques qui épargnent du combustible. Plusieurs procédés en usage dans cet établissement, prouvent dans l'entrepreneur beaucoup de talent et d'instruction ; les sucres qui y ont été raffinés sont très-beaux.

Frison, de Gand.

Le blanc de céruse fabriqué par ce citoyen peut rivaliser les plus beaux produits des fabriques étrangères dans ce genre.

Delchambre, à Védrin, près Namur,

A présenté des couleurs minérales, dont plusieurs offrent des nuances agréables, et beaucoup de solidité.

Rideau l'aîné et compagnie, à Kérinon, commune de Lambezellec, près Brest,

Ont exposé du blanc de plomb et du sel ammoniac, dont la fabrication est bonne.

Thiellay (Louis-François), d'Orléans,

Pour diverses préparations d'antimoine.

La fabrique de Fontaine et celle de Saint-George, département de l'Aveyron,

Pour la belle fabrication de leur alun.

DUCHET, rue Poliveau, n.º 21, à Paris.

Ce fabricant fut mentionné honorablement, l'année dernière, pour la bonne fabrication de ses colles fortes. Le jury voit avec satisfaction qu'il en a soutenu la qualité, et même qu'il l'a perfectionnée.

GOERVIC et compagnie, de Gand.

Ces fabricans ont exposé des colles fortes très-bien préparées.

GRAFFE frères, manufacturiers à Sèvres, ayant leur dépôt général à Paris, rue Saint-Thomas-du-Louvre, n.º 264..

Les cires à cacheter fabriquées par ces citoyens sont remarquables par la variété des matières, par la beauté et la diversité des couleurs.

Poteries.

UTZSCHNEIDER et compagnie, fabricans de poterie à Sarguemines, département de la Moselle ;

MERLIN-HALL, fabricant de poterie à Montereau, département de Seine-et-Marne.

A l'exposition de l'an 9, ces deux fabricans ont partagé une médaille d'or. Tous deux se sont perfectionnés dans le cours de l'année pour la solidité de la pâte, pour l'éclat et la dureté de la couverte, et pour l'élégance des formes.

La couverte du C.ᵉⁿ *Merlin-Hall* est beaucoup plus blanche que l'année passée; elle ne se laisse pas entamer par l'acier; ses formes sont très-belles, et sa pâte très-légère: enfin cette poterie laisse peu à desirer.

POTTER, fabricant à Montereau, département de Seine-et-Marne.

Les poteries de ce fabricant o! tinrent, à une exposition précédente, la distinction du premier ordre. Les poteries qu'il a présentées cette année, sont très-belles; la couverte est solide et brillante. Le C.^{en} *Potter* a été le fondateur, en France, des premiers établissemens de poterie où l'on a travaillé avec quelque perfection.

Le jury lui décerne une médaille d'or.

FOURMY, manufacturier, rue Pépinière, n.° 650, à Paris.

Le C.^{en} *Fourmy* s'est rendu remarquable par ses travaux sur les poteries; il n'a point voulu être imitateur. Après une longue suite d'essais faits avec une grande sagacité et dirigés par une saine théorie, il est parvenu à fabriquer une poterie qui aux avantages de la porcelaine joint le mérite d'aller au feu, de résister aux acides et autres agens chimiques, et de se rapprocher, pour le prix, des poteries usuelles. Il a appelé ces poteries *hygiocérames* : le jury de l'an 9 lui accorda une médaille d'argent ; celui de l'an 10 trouve ses progrès assez considérables pour lui décerner une médaille d'or.

RUSSINGER, rue Grange-aux-Belles, à Paris,

A exposé des creusets et des cornues, pour lesquels il obtint, l'année dernière, une médaille d'argent. L'usage qu'on a fait de ces vases dans les laboratoires de chimie, n'a fait qu'en augmenter la réputation.

Parmi les nombreux échantillons de poterie envoyés à l'exposition, le jury a distingué celles des citoyens

MICHAUD, de Chantilly ;

VILLEROY, de Vaudrevange, près Sarre-Libre, département de la Moselle ;

Henri HÆNER, de Nancy.

La poterie du C.^{en} *Michaud* est parfaite pour les formes ; nous avons remarqué avec intérêt des pièces de terre noire qui ont très-bien réussi.

La pâte du C.^{en} *Villeroy* est d'une grande blancheur.

La pâte du C.^{en} Henri *Hæner* est bien composée, très-résistante.

Le jury vote, pour ces trois fabriques en commun, une médaille d'argent.

Cristaux et Verreries.

LADOUEPE-DUFOUGERAIS et Xavier VEYTARD, entrepreneurs de la manufacture de cristaux du *Creusot*, ayant leur dépôt à Paris rue de la Révolution, n.° 688.

Cet établissement obtint une médaille d'argent à l'exposition de l'an 9.

La manufacture du *Creusot* est remarquable par l'élégance des formes et la pureté de la matière : ses cristaux sont de la transparence la plus parfaite ; ses vases sont décorés et taillés avec discernement. Elle a présenté, cette année, une nouvelle composition jouant le jaspe, qui produit un bel effet lorsqu'elle est façonnée en vases.

Le jury doit déclarer que cette manufacture lui paraît supérieure à ce qu'elle était lorsqu'elle obtint la médaille d'argent.

ZEILER, WALER et compagnie, propriétaires de
la verrerie de Muntzal, dite *de Saint-Louis*,
département de la Moselle.

Les cristaux de cette verrerie sont d'un brillant parfait,
sans bulles ni stries; le travail de la taille y est fait avec
beaucoup d'habileté. Cette manufacture obtint une mention
honorable à l'exposition de l'an 9.

Le jury juge ses progrès assez considérables pour lui
décerner une médaille d'argent.

VALTER, propriétaire de la verrerie de Gotzem-
bruck, département de la Moselle;

VINCHON, de Bligny, département de l'Aube,

Ont exposé des carafes, des flacons et des verres unis ou
taillés, en cristal dit *de Bohème* ou verre blanc sans oxides
métalliques.

Le jury décerne en commun à ces deux entrepreneurs
une médaille de bronze.

ROUSSEAU, fabricant à Clairvaux.

Le verre à vitre fabriqué par ce manufacturier est solide;
on l'a soumis à diverses épreuves qu'il a bien soutenues.

Le jury décerne au C.^{en} *Rousseau* une médaille de bronze.

———

LE JURY a arrêté de faire mention honorable des
citoyens dont les noms suivent :

Les entrepreneurs de la fabrique de porcelaines
établie à Valognes.

Leurs porcelaines ont été jugées fort bonnes.

Les entrepreneurs de la faïencerie de Nimi, faubourg de Mons,

Pour la bonne fabrication de leurs poteries.

LAFFINEUR, de Savignies, département de l'Oise,

Pour avoir fait des vases d'une grande dimension et d'une bonne fabrication.

LIBAUDE (Les dames), de Romilly, département de l'Eure,

Pour la belle fabrication de leur verre à vitre.

PERDU, boulevart Montmartre, n.º 1047, à Paris;
LUTON, rue Saint-Denis, n.º 301, à Paris.

Ces citoyens obtinrent, l'année dernière, une médaille de bronze pour la perfection de leurs dorures sur cristaux.

Le jury s'est assuré, par l'examen des productions qu'ils ont exposées cette année, que leur art n'est point déchu.

Cuirs, Peaux et Maroquins.

FAULLER, KEMPFF et MUNTZER, fabricans de maroquins à Choisy-sur-Seine, ayant leur dépôt à Paris, rue Grenier-Saint-Lazare, sous la raison PEREMANS et compagnie.

Ces citoyens obtinrent une médaille d'or à l'exposition de l'an 9 : ils ont montré, cette année, de beaux produits, entre autres des maroquins bleus et des jaunes, qui sont les nuances les plus difficiles à faire ; ils écartent la concurrence des maroquins étrangers ; et leurs bonnes qualités sont si bien reconnues, que les marchands des objets où il entre du maroquin, ont soin d'avertir qu'ils ont employé du maroquin de Choisy.

VERMONT frères, de Mézières,

Ont présenté des cuirs de bonne qualité et bien tannés. Le jury leur décerne une médaille de bronze.

———————

LE JURY a arrêté de faire mention honorable des citoyens

BRIÈRE, CRISPIN l'aîné, MAIN frères, BRILLOUET (Jean-Baptiste), fabricans à Niort,

Pour différentes espèces de peaux de daim et de mouton, bien apprêtées ;

PERDUCEL, d'Annonay, département de l'Ardèche,

Pour des peaux de chevreau apprêtées en blanc avec beaucoup de soin.

BOUDART fils aîné, rue Thévenot, n.° 58, à Paris,

A présenté des gants blancs d'une très-belle fabrication.

Vernis.

DEHARME et DUBAUX, rue de la Madeleine, à Paris,

Ont obtenu, à toutes les expositions, la distinction du premier ordre, pour avoir perfectionné l'art de vernir les tôles. Les portiques où leurs productions étaient exposées cette année, ont fortement attiré l'attention publique : ces artistes se sont perfectionnés sous plusieurs rapports.

Le jury a particulièrement remarqué la forme de leurs vases et la beauté de leurs vernis.

Les C.^{ens} *Duharme* et *Dubaux* ont véritablement porté cet art à un point de perfection inconnu avant eux.

SEGHERS, fabricant, rue du Lorillon, au haut du faubourg du Temple, à Paris.

Il obtint une médaille de bronze à l'exposition de l'an 9, pour ses toiles et taffetas cirés.

Le jury a examiné avec beaucoup de soin les nouvelles productions de cette manufacture importante ; il a reconnu que les vernis sont souples et inattaquables. Les dessins sont d'un bon goût ; et à cet égard, nous n'avons plus rien à envier à nos voisins.

Le jury décerne à ce citoyen une médaille d'argent.

LEBRETON, à la Monnaie, à Paris ;

DIDIER, rue d'Orléans, n.º 17, au Marais, à Paris ;

LIÉGROIS et VALENTIN, rue de Grenelle, faubourg Saint-Germain, n.º 113, à Paris.

Le C.en *Lebreton* a présenté des cuirs vernissés, qui sont imprimés en or et en argent, et propres à couvrir des meubles ; il a aussi montré des papiers sur lesquels son vernis a bien réussi.

Le C.en *Didier* a appliqué son vernis sur des vases en cuir dit *bouilli*, sur des peaux et des feutres.

Les C.ens *Liégrois* et *Valentin* ont fait voir un assortiment de cuirs, de harnais et de baudriers, des chapeaux de soie et des draps recouverts de vernis, et imprimés ou brodés en or ou en argent.

Ces trois vernis sont également souples et élastiques, et à-peu-près également brillans. Soumis à des épreuves rigoureuses, ils ont paru d'une solidité à-peu-près égale.

Le jury accorde pour cet objet une médaille d'argent, à tirer au sort entre les trois concurrens.

(63)

DESQUINEMARE, rue Notre-Dame-des-Champs,
n.º 1469,

A présenté des toiles rendues imperméables par un procédé de son invention ; elles sont à bas prix.

Le jury le juge digne d'une médaille de bronze.

FINK (Sébastien), de Coblentz,

A présenté des tôles vernies bien exécutées. Le jury en fait mention honorable.

Appréts et Teintures.

FALLOIS, fabricant à Putteaux, près Paris.

Ce citoyen donne au lin et au chanvre une préparation avantageuse. Par son procédé, le lin et le chanvre sont rendus mi-blancs : d'où il résulte que les fils sont plus soyeux, se tissent plus serré, et ne creusent point au blanchissage. Il a fabriqué ainsi une pièce de toile damassée qui est d'une belle réussite.

LE JURY a arrêté de faire mention honorable du citoyen

GONFREVILLE, teinturier à Deville-lès-Rouen,

Pour avoir présenté des fils de coton teints en jaune, en vert et en couleur abricot, bon teint, aussi-bien que pour ses rouges incarnat et rose grand teint.

Chauffage et Éclairage.

DESARNOD, rue Neuve-des-Mathurins, n.º 844, à Paris.

Cet artiste s'occupe depuis long-temps de la recherche

des moyens les plus économiques et les plus salubres d'é-
chauffer les appartemens. Il a obtenu la distinction du
premier ordre aux expositions précédentes. Il a présenté,
cette année, de nouveaux appareils avantageux.

CARCEL et CARREAU, rue de l'Arbre-Sec, n.º 16,
à Paris.

Le public a revu avec satisfaction les lampes à mécanisme pour lesquelles ces citoyens obtinrent une médaille
de bronze l'année dernière.

JOLY, demeurant à Paris, rue de l'Arbre-Sec,
n.º 35,

A ajouté aux lampes à double courant d'air un perfectionnement qui a le mérite d'être simple, et de produire
beaucoup d'effet.

Le jury lui décerne une médaille de bronze.

LE JURY a arrêté qu'il serait fait mention honorable
des citoyens

THILORIER, rue Saint-Martin, vis-à-vis la rue
aux Ours, à Paris,

Inventeur du phloscope, appareil de combustion ingénieux, au moyen duquel la fumée même est brûlée;

BERTIN, rue de la Sonnerie, n.º 11, à Paris,

Pour avoir simplifié et perfectionné les lampes docimas-
tiques.

XIII.

(65)

XIII.

BEAUX-ARTS.

AUGUSTE, orfévre à Paris, place du Carrousel,
n.º 22 ;

ODIOT, orfévre. à Paris, rue Saint-Honoré, vis-
à-vis la rue de l'Échelle.

Ces deux artistes ont excité également l'attention du
jury. L'élégance, la variété des formes, leur ensemble, le
choix et la variété des ornemens, tout dans les vases du
C.ᵉⁿ *Odiot* a été dirigé et exécuté par le goût le plus pur
et le plus délicat. Ceux du C.ᵉⁿ *Auguste* ne sont pas moins
recommandables par la beauté et le caractère des formes ;
et sur-tout par la perfection de la ciselure des ornemens et
des figures qui les décorent.

Le jury ne peut se décider à faire un choix entre ces deux
artistes : il leur décerne en commun une médaille d'or.

Madame JOUBERT, rue du faubourg Montmartre ;

MASQUELIER, graveur, rue de la Harpe, n.º 495 ;

Ont exposé les vingt-trois premières livraisons de la
Galerie de Florence. La beauté de cet ouvrage, l'un des plus
considérables de la librairie et le plus parfait de ceux du même
genre, ont déterminé le jury à donner aux chefs de cette
entreprise une médaille d'or.

LIGNEREUX, fabricant de meubles, rue Vivienne
à Paris ;

E

Jacob frères, fabricans de meubles, rue Mêlée, n.º 77, à Paris.

L'année dernière, le jury ne pouvant assigner une supériorité marquée entre ces artistes, leur décerna une médaille d'or en commun. Tous deux ont fait des progrès : ceux des C.ⁿˢ *Jacob* sont très-marqués. Le jury se plaît à déclarer que toutes les productions des C.ⁿˢ *Jacob* et *Lignereux* marquent des talens du premier ordre dans leur genre.

Desray, libraire, rue Hautefeuille, n.º 56, à Paris,

A exposé des gravures d'animaux coloriés à l'aide d'une seule planche, par un procédé de l'invention des C.ⁿˢ *Audebert* et *Vieillot*. Ce moyen, qui produit une imitation plus exacte et moins dispendieuse des animaux, est utile pour les ouvrages d'histoire naturelle.

Le jury décerne au C.ⁿ *Desray* une médaille d'argent.

Trabuchi frères, poêliers, à la barrière du Roule, à Paris,

Ont élevé, au milieu de la cour du Louvre, en terre cuite, une copie exacte, avec les mêmes dimensions, du monument de *Lysicrates*, encore subsistant à Athènes, et vulgairement connu sous le nom de *Lanterne de Démosthène*.

Le jury regarde ce travail comme un chef-d'œuvre : il a fallu un art infini dans la conduite des diverses pièces depuis l'état d'argile molle, jusqu'à celui de terre cuite, pour conserver aux ornemens toute leur délicatesse, et pour obtenir des tronçons de colonnes dont les cannelures s'ajustent avec exactitude.

Le jury décerne aux frères *Trabuchi* une médaille d'argent.

Lemaire, fabricant de nécessaires, rue Saint-Honoré, n.° 43, vis-à-vis l'Oratoire, à Paris,

A exposé de beaux nécessaires, genre d'industrie où nous avions des rivaux difficiles à surpasser.

Le jury lui décerne une médaille d'argent.

Rogier et Salendrouse, fabricans, rue des Vieilles-Audriettes, au Marais, n.° 6, à Paris,

Obtinrent une médaille de bronze pour les tapis qu'ils exposèrent en l'an 9; ils se sont perfectionnés pour l'exécution et pour les dessins.

Le jury leur décerne une médaille d'argent.

Piat, Lefévre et fils, de Tournay, fabricans de tapis de pied.

Les tapis fabriqués par ces citoyens ont du mérite, et le prix en est modéré.

Le jury décerne aux C.^{ens} *Piat, Lefévre* et fils, une médaille de bronze.

Pierre Didot l'aîné, imprimeur, au Palais des sciences et des arts;

Firmin Didot, rue du Regard, à Paris.

Ils ont exposé, cette année, un superbe exemplaire des Fables de la Fontaine sur vélin, digne de leur grande réputation. Depuis long-temps ces typographes ne connaissent plus de rivaux dans leur art; ils ont obtenu la distinction du premier ordre à toutes les expositions.

PIRANESI frères, à Paris, rue de l'Université, n.° 296.

Ils obtinrent, l'année dernière, une médaille d'argent, pour avoir formé à Paris un grand établissement de gravure. Ils y ont joint depuis un atelier où l'on exécute, sous la direction des frères *Cardelli*, des imitations de monumens antiques en marbres précieux. Parmi les produits de cet atelier, on distinguait un vase d'albâtre oriental de la plus belle forme et d'un travail achevé.

JOUVET, rotonde du Temple, n.° 26, à Paris.

Le jury décerna, l'année dernière, une médaille d'argent au C.^{en} *Jouvet*, et il n'a qu'à s'applaudir de lui avoir donné cet encouragement. Sa manufacture de marqueterie en métaux sur bois s'est perfectionnée; il a présenté des modèles de chaises que le jury a trouvés parfaits, sous le rapport du choix des ornemens et de leur disposition.

OLLIVIER, graveur, rue Thibautodé, à Paris,

Obtint, l'année dernière, une médaille de bronze, à raison de ses travaux pour imprimer la musique en caractères mobiles. Cet art s'améliore tous les jours entre les mains du C.^{en} *Ollivier*.

JACQUEMARD et **BESNARD**, successeurs de *Réveillon*, rue Saint-Antoine.

Ces citoyens obtinrent une médaille de bronze à l'exposition de l'an 9. Leur manufacture de papiers peints soutient sa réputation. Ils ont imaginé des tontis sur toile qui ont l'avantage d'être d'un prix modique, et pourraient servir de tapis dans des lieux où ils ne seraient pas exposés à de grands frottemens.

GILLÉ, rue Saint-Jean-de-Beauvais, n.º 28, à Paris.

Le jury décerne à cet imprimeur une médaille de bronze, pour la beauté et la variété de ses caractères.

SIMON, fabricant de papiers peints, enclos des Capucines, près la place Vendôme, à Paris.

Le jury décerne à ce fabricant une médaille de bronze, pour le bon goût de ses dessins, pour ses papiers veloutés, et pour ses impressions d'ornemens sur étoffes.

––––––––––

LE JURY a arrêté qu'il sera fait mention honorable des citoyens

ESNAULT, rue d'Orléans Saint-Honoré, n.º 17, à Paris,

Dont les broderies sont belles et bien exécutées.

GOBERT, fabricant, cour des Fontaines, à Paris,

A exposé des objets de passementerie, des franges pour garnitures d'ameublemens, qui sont d'une grande variété de formes et d'une bonne exécution.

VENZEL, enclos du Temple, n.º 19, à Paris,

Pour ses fleurs artificielles qui imitent parfaitement la nature.

ANGRAND, découpeur et applicateur d'étoffe, rue Mêlée, n.º 85, à Paris.

L'imitation de la broderie par l'application des étoffes

découpées , est utile au commerce des modes : ce genre a été perfectionné par le C.ᶜⁿ *Angrand*.

XIV.

MANUFACTURES NATIONALES.

Le public s'est porté avec empressement vers les portiques où étaient exposées les productions des manufactures nationales ; et il s'est convaincu qu'elles soutiennent leur réputation.

XV.

MAISONS DE TRAVAIL ET ATELIERS DE CHARITÉ.

On a vu à l'exposition les productions de plusieurs ateliers établis par divers administrateurs dans les hospices , les dépôts de mendicité et les maisons de détention. Cet usage raisonnable a fait des progrès depuis l'année dernière : on en recueille déjà les fruits qu'on avait espérés ; car on observe par-tout que les mœurs de la population occupée dans ces ateliers se sont sensiblement améliorées.

Les Ateliers des Quinze-vingts.

Vincent, Directeur.

Les draps exposés sous cette désignation ont été fabriqués par des aveugles.

Le jury a trouvé la fabrication soignée dans toutes ses parties.

Maison de travail de Bruxelles.

GILLET, Directeur.

Le jury a vu des basins et des piqués fabriqués dans cette maison, et il les a trouvés de bonne qualité. Le C.^{en} *Gillet* y a introduit depuis peu la fabrication des chapeaux de paille : il a montré au jury plusieurs chapeaux tressés avec beaucoup d'égalité et de finesse.

Le jury applaudit aux soins du C.^{en} *Gillet* pour perfectionner le travail dont la surveillance lui est confiée.

Ateliers de Saint - Lazare.

GAUDIN , directeur.

Les broderies exécutées dans ces ateliers sur linon et sur batiste , sont faites avec goût , et le travail en est soigné.

Maison de travail de Liége.

Les calmouks et les draps fabriqués dans cette maison sont de bonne qualité. Les fondateurs de cet établissement, qui a fait disparaître la mendicité d'une ville où elle était si multipliée , méritent la reconnaissance publique.

Maison de détention de Rouen.

Le C.^{en} *Pouchet* a établi dans cette maison les petites machines construites sur les principes d'*Arkwright* ; il a déjà été rendu compte des heureux effets de cette innovation (*).

Le jury a vu avec un égal intérêt les ouvrages provenant

De l'atelier des pauvres d'Anvers ;

De l'atelier de charité formé par les soins de la mairie du 10.e arrondissement de Paris ;

(*) *Voyez* page 28.

De l'hospice de Valenciennes, où l'on fabrique des dentelles, et de celui de Bourges, où l'on fabrique des couvertures de laine, des droguets et des toiles.

Fait et arrêté à Paris, au Palais national dessciences et des arts, le 3 vendémiaire, an 11 de la République.

Signé Vincent, Perrier, J. Montgolfier, Mérimé, L. - B. Guyton - Morveau, Prony, Raymond, Bardel, Alard, Scipion Perrier, Molard, Bosc, Berthoud, Conté, L. Costaz.

Vu le procès-verbal ci-dessus, le Ministre de l'intérieur ordonne qu'il sera imprimé à l'Imprimerie de la République, et envoyé, conformément à l'article VIII de l'arrêté des Consuls du 13 ventôse an 9, aux préfets des départemens ;

Ordonne de plus qu'il en sera adressé un exemplaire à chacun des artistes et fabricans auxquels le jury des arts a décerné des médailles ou des mentions honorables.

Paris, le 5 vendémiaire, an 11 de la République.

Le Ministre de l'intérieur,

Signé, Chaptal.

* 9 7 8 2 0 1 3 6 9 0 2 1 8 *